塘里捞出一棵菱角仔细瞧瞧
果实长在肥厚叶柄的基部
四个尖角，红艳欲滴的鲜嫩模样
正是名副其实的水红菱

摄影：汪浩

菱角被称为"长在水中的栗子"
有红、青两种，名称极美
早生品种为水红菱，晚熟较大者为雁来红、鹦哥青
嫩菱可代水果，老菱煨熟当饭食，生吃熟食两相宜

满塘绿意盎然，茂盛生长的植株密密麻麻覆盖池面
盘膝坐于船头，五艘小船划进菱角田
船尾划出长长水道，船里红色菱角堆积欲满
专注采收的场景，引人联想传唱不止的民谣《采红菱》

摄影：汪浩

菱角序

菱的分布遍及我国南北，并以江南为重，自古就是南方最重要的水生蔬菜之一。所以菱角大概是水八仙中，除了莲藕之外知名度最高的品种。吃过菱角的人很多，但见过水中菱的可能就不多了。在水中有一条细长的菱茎扎入水底，顶端由几十片菱叶长成一个菱盘浮在水面，菱角就藏在叶柄深处，到秋天成熟之后，还会自然脱落掉入水底。

菱的品种琳琅满目，有四角、二角、无角，有深水、浅水，有早熟、晚熟，还有红、青、白、绿各种色泽。著名的苏州"水红菱"，外壳色泽鲜红，八月便开始成熟上市，当水果生吃是最好的，也可新鲜炒食；又有无角的"和尚菱"，以及四角形似馄饨的"馄饨菱"，十分形象；还有两角弯弯，成熟晚，适合老硬之后焐熟吃的"老乌菱"……

除了鲜食、炒食，以及焐熟之外，菱也可以煮粥、酒糟、蜜制。用菱提取出淀粉，可以勾芡，还可做菱粉塌饼，甚至菱茎也是一道鲜蔬。秋天菱角新鲜上市之后，我们在苏州农村、菱户家、市民家，还有城镇菜馆酒楼特别记录了十道菱的当地做法，让大家也能体验江南风味。

苏州一带自古就是菱的重要产地，唐朝时的"折腰菱"就已经闻名天下，长期以来也积累了丰富的栽培经验。苏州西南的石湖，曾是水红菱的主产区，因为种种原因今天已经不再种菱，但我们还是特别请当地的老菱农为我们介绍了传统的种菱法。有许多技术比如育苗移栽、草栏围护等还与古书一脉相承，是祖先累积的智慧。另外还到越溪、江湾等地拍摄了菱角种植、管理和收获，记录植株生长与变化。

最后从文史的角度介绍了菱的人工驯化栽培、品种以及历代歌咏、典故，还有江南人对菱的种种回忆和感受，希望能从多个角度为大家介绍菱角这一重要的水生蔬菜。 ∎

采访手记

●初见菱角全植株

几次来到江湾采访，我们都没有看到大块的菱塘，只是在村子附近的小河汊角落里零星看到一些看似自生自灭的菱角。咨询过江湾村的胡敬东主任，我们了解到，菱角并非江湾村的主要作物，但也有小面积分布。2010年8月底，汉声编辑刘镇豪、陈诗宇在江湾采访时，随胡主任穿过大块的荸荠、慈姑田，来到一条叫作新开江的小河道边，河岸茭白丛掩映之中，生长着一片不大不小的菱角。叶片枝枝向上伸起，深绿色的菱角叶面，在阳光照射下显得闪闪发亮。

"菱叶像这样高起来，堆成一堆，基本就可以采收菱角了。"胡主任告诉我们，并很热心地探到岸边，拨开茭白丛，拉扯出一整株菱来供我们观察记录。原来菱角的水下部分，是一条长达两米的水中茎，上面长着一条条羽毛状的水中根，自上而下逐渐稀疏。在茎的顶端长着几十片叶子，一圈圈轮生成盘状。每一枝叶柄的中段都有一段膨大，据说就是这个膨大疏松的部分，才让菱盘能浮在水面上。

拎起菱盘一看，水红菱就藏在叶腋之中。这一株上有三四个已经成熟，表皮鲜红，带四个角，轻轻一拨就从果柄上脱落了。"水红菱嫩甜，可以直接生吃。"我们听胡主任的话剥开了一个尝尝，的确口感相当脆嫩。

汉声编辑在测量拍照菱角

这片菱角的主人正好也在附近，我们向他请教一下菱角的栽种和管理。主人告诉我们，因为种植面积很小，也不是主业，所以他们只是选一块风浪小的河港，春天撒撒种菱就可以等待收获了，现在的这块菱基本还都是去年脱落的老菱过冬之后，自己萌生的。

●不再种菱的石湖

通过苏州水生蔬菜研究所鲍忠洲老师的介绍，我们了解到，苏州种植的菱角品种有很多，比如馄饨菱、老乌菱、和尚菱等等，但是最有名的还是水红菱。水红菱最著名的主产地原本在苏州西南的石湖，但是近年因为景区规划，挖深湖底，禁止菱农在湖中种菱，如果要看大面积的栽种，只有在石湖往南的越溪镇还能找到一些。

2012年5月10日，为了补充完整资料，我们还是来到了已经不再种植水红菱的石湖采访。石湖北端的越城桥和行春桥边，有个村子叫兴国村，现在改名叫行春桥村。村民原先大多是菱农，我们找到一位老村民周根福进行采访。

周大伯说，他们家世代都在石湖种水红菱，从前石湖有上千亩的水面可种菱，到了采菱的季

（下转第34页）

菱角全株图解

档案

分类：被子植物门、双子叶植物纲、原始花被亚纲、桃金娘目、菱科、菱属

学名：Trapa bispinosa Roxb（二角菱）；Trapa quadrispinosa Roxb（四角菱）

别名：菱角、沙角、水栗、菱实

原产地：东亚、南亚

分布：中国、朝鲜、印度等地

中国主产地：长江、淮河流域及以南大部分地区、江苏、浙江、广东等省份栽培较多

食用部位：果肉

生长期：4月上旬至10月下旬

采收期：8月下旬至10月下旬

菱角

菱角 是菱科菱属一年生蔓生浮叶草本水生植物，古名芰，又名水栗、沙角、水菱，因果实大多有角，所以一般称为菱角。属深水植物，生长于土子水塘河渠之中。分布广，只有在多数国家和印度曾进行栽培利用。中国是其原产地之一，栽培历史悠久。在江淮流域及以南各地均有分布，以太湖流域和珠三角地区为多，苏州的著名地方品种为水红菱。

品种很多，食用部分为果肉，嫩菱鲜食当蔬菜，老熟果实蒸煮后可无粮，并可酿酒。菱肉还可加工制成精美的浆料，灰之用，或织物的浆料。菱壳、菱柄、菱叶等皆可入药。一般4月初开始种植，5月底定植，8月初开始陆续采收至10月下旬。

全株图解

株　器

叶

菱叶分为初生叶、过渡叶和定型叶3种。

初生叶狭长，先端2～3裂或全缘，无叶柄。

过渡叶，狭长楔形，先端2～3裂，基部楔形。

定型叶，上部渐宽，接近水面前，逐渐变为长菱形，上部缺刻增多。

叶片出水后成为定型叶，亦称功能叶。功能叶菱形或三角形，长宽各5～9厘米，叶面深绿色，有光泽，角质，叶背层淡绿色，密被短绒毛。叶片基部全缘，中上部有疏锯齿。叶具长柄，柄长5～13厘米，中部膨大呈纺锤形，组织疏松，内贮空气，称为浮器或浮囊。叶片稳定浮于水面。短缩茎上形成菱盘，一般由25～40张功能叶片组成，直径25～45厘米。在生长盛期，每个分枝顶端均可形成菱盘，顶生一个，并浮于水面。

【浮器】

花

菱的花较小，白色或淡红色，单数着生于叶腋中。

自下而上依次发生，隔数叶着生花1个。花盘受冠状，花梗短。花两性，花瓣、花萼、雄蕊各4枚，雌蕊1枚。花出水面开放1～2天，胚珠受精后入水中。子房半下位，2室，胚珠下垂，每室1个，结实时其中1个发育成种子，另一个退化。授粉受精后没或傍晚或傍晨入水面。

菱角花

茎

菱茎分发芽茎、水中茎、短缩茎三种。

菱种子萌发先长出种茎，长10厘米左右，生2条主茎和幼根。

主茎即水中茎，蔓生、细长，生长迅速，茎株柔软，可适应不同水位，水深时可弯曲，水浅时可伸直。总长可达3～4米，20节左右，下部几节可生不定根。在近水面处主茎上还可产生有根1节，三级分枝等，一株菱可产生分枝数十个。

主茎和分枝长到水面后节间缩短，二级分枝、三级分枝在茎上轮生、密集，形成短缩茎，出水叶片在茎上轮生叶簇，形成盘状叶丛，俗称"菱盘"，为光合作用的主要器官。

果

菱的果实称菱角。菱的角由花萼发育而成，因品种而异有无角。有的品种角已退化，仅存遗痕。菱种子即菱角，有2～4个角，亦有无角。有绿色、白绿色、紫红色等多种颜色，当果实老熟后腐烂脱落，紫红内果皮革质，幼明时较软，老熟时坚硬，果顶有一发芽孔，被有薄膜，孔的四角刚毛以保护胚芽。果实内有种子1枚，种皮薄软，内含2枚大小悬殊的子叶以及种胚，其中大子叶中富含淀粉，即供食用的菱肉，或称"菱米"。菱肉既是食用产品，亦是繁殖器官。

种

菱肉

（水）红菱

根

菱的根为次生根，分为弓形根3种。

土中根和水中根3种。

种菱萌发后，在发芽茎上抽生胚根，尖端逐渐变细，弯曲成弓形，在发芽后很快就停止生长。

胚根基部较粗，为3～7对羽毛状，扎入土中，可固定植株并吸收养分，即土中根，为主要吸收根系。

弦线状须根多系，长达数十厘米，扎入土中，为主要吸收根系。

在植株的各个节上对称地着生两条叶状根，即水中根，为辅助性吸收根系。它含有一定的叶绿素，也参与光合作用并帮助吸收养分，为辅助性吸收根系。

【菱角全植株】

叶　浮器　短缩茎　菱角　【菱盘局部示意图】　水中茎　土中根　分枝　胚根

境 生长环境

菱为喜温的水生植物，适合在风浪不大而水流动，底土比较松软、肥沃的河湾、湖荡、沟渠、池塘中生长，并且需要有充足的光照。

温度：菱不耐霜冻，其生长的适宜温度为 16～29 摄氏度，其中 20～29 摄氏度更有利于结果。过高温度会影响开花、结果，或开花多不结实，通称"煮花"，低于 16 摄氏度生长逐渐停止，低于 5 摄氏度叶片枯死。

水分：菱的生长主要在水下，因此生长期需保持稳定的水位。一般苗期水浅，随着茎的生长，水位亦应增长。生产上应注意不同品种对水位深浅的不同要求，并防止暴涨暴落。一般浅水菱水深 2 米以内，深水菱水深不超过 4 米。同时还应注意水质，防止污染，以免影响产量和产品品质。

光照：菱的生长要求有充足的光照，不耐阴。在长日照条件下有利于茎叶生长，而短日照条件下则有利于开花结实。

土壤：菱主要依靠土中根从土壤中吸收矿质营养，要求水下土壤松软、肥沃，淤泥层达 20 厘米以上。

即将栽种的菱塘

深水菱多采用育苗移栽法
五六月间将菱苗起出
运至移栽水面
再借助菱叉
将菱苗定植入水底

【移苗示意图】

移栽时，用菱叉叉住菱苗束绳头

按株距把菱苗插入水底土中

栽 栽培方式

菱角的栽培方式可直播，也可育苗移栽。浅水河、湖种菱多采用直播，水深在 2 米以上的菱塘，因直播难出苗，则适合采用育苗移栽。

●催芽

3 月底、4 月初当气温回升，先把留种菱角浸在水深 5～6 厘米池中，利用阳光保温催芽，出芽发根，芽长 1 厘米左右将种菱起出，挑去烂菱、嫩菱，洗净后播种。

●清塘

播种前要求用菱荡在水底拖拉清除野菱、水草、青苔等，对较长的水草则用两根细长竹竿绞捞，以防止播种后杂草危害。

●播种

菱的种植一般可分为直播和育苗移栽两种。浅水菱多用直播法，即直接播种，深水菱则采用育苗移栽法，先在塘中放水至 1 米左右播种，以后随着菱苗生长逐步加深水层，以适应深水栽培，最后再移栽至深水塘。

两种方法均需在塘中播种，播种又可分为撒播和条播两种。

撒播：撒播用种量较大。在小船上将发芽的菱种均匀撒入水中。如果播种面积较小，还可在播种前用烂泥将菱种包成圆球，或者在小草袋中填充营养土，内埋数颗菱种再播种，这样有利于准确定位，并且保护菱芽，利于出苗。

条播：条播较易控制种植密度，出苗后也便于管理。方法是根据菱塘地形，划成几个纵行，在两头插立竹竿为标志，

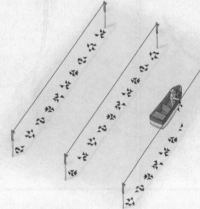

【条播示意图】

中间用尼龙丝拉线，划船顺线条播。栽种密度因不同品种及菱塘土质、肥水条件而异。一般早熟品种行距较密，播种量较大；而晚熟品种行距大，播种量少；菱塘土肥播种稀，土瘦则密；新种菱塘则稀，重茬菱塘则密。水红菱行距一般为 2～3 米；大青菱、老乌菱等的行距 3～5 米。菱应每年清塘和播种，防止品种混杂退化。

●移栽

深水菱到 5 月下旬至 6 月上旬时，育苗菱种已经分盘，但叶片尚软还未直立变硬，此时应及时移栽。先起菱苗，抓住茎部，逐段提拉直到见白根，防止用力过猛拉断菱苗。因深水菱风浪较大，一般均采用丛栽法，通常行株距 2～3 米，每穴插栽菱苗 1 束，约 8～10 株。丛栽使株间靠拢，遇风浪时可相互支持，抗风挡浪能力增强。

菱苗起出后，每 8～10 株为一束，用草绳捆基部放在船舱水中，以防干萎。装满后开往移栽水面，用菱叉叉住菱苗束绳头，按栽植距离逐束插入水底土中。菱棵长度应与水深相等，这样栽后菱盘浮于水面，茎蔓可以基本直立水中，摇摆度较小，易于成活。

株 生长过程

菱的生长发育分成萌芽期、菱盘形成期、开花结果期和种子休眠期4个时期。以苏州地区菱的生长为例。

萌芽期

4月上旬~4月下旬

当春季旬均气温在13~16摄氏度时，菱的种子开始萌动，胚根和下胚轴生长穿过发芽孔形成发芽茎，并向上抽生2条主茎和幼根，形成幼苗。水位宜较浅。

菱盘形成期

5月上旬~10月下旬

此期亦为营养生长旺盛期。当旬均气温在16~29摄氏度时，菱的主茎生长加快，并迅速形成二级、三级分枝，叶片环生于茎顶四周，形成盘状，称菱盘。菱盘多少及叶片大小决定其结菱数量和产量。浅水菱品种一般水位控制在1~2米。深水菱品种可加深水位至3~4米。

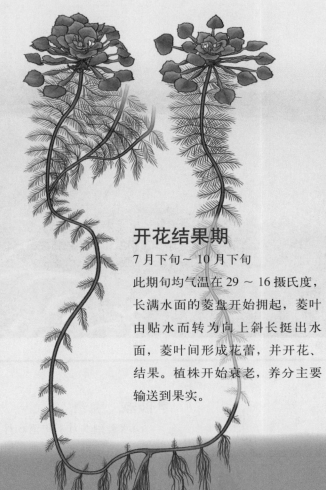

开花结果期

7月下旬~10月下旬

此期旬均气温在29~16摄氏度，长满水面的菱盘开始拥起，菱叶由贴水而转为向上斜长挺出水面，菱叶间形成花蕾，并开花、结果。植株开始衰老，养分主要输送到果实。

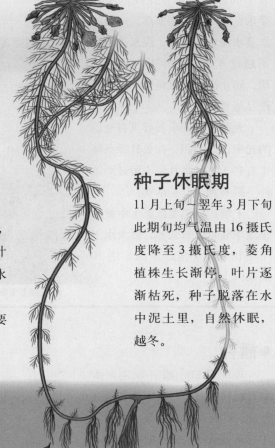

种子休眠期

11月上旬~翌年3月下旬

此期旬均气温由16摄氏度降至3摄氏度，菱角植株生长渐停，叶片逐渐枯死，种子脱落在水中泥土里，自然休眠，越冬。

系 品种

菱属植物大约有三十余种。按照果实形态可分为两类，即四角菱和两角菱，我国均有栽培和野生，其中四角菱在长期的栽培和选择中，还分化出四角退化的无角类型，所以栽培品种又可分为两角菱、四角菱和无角菱三类；按果皮色则可分为青皮菱、红皮菱、紫皮菱三类；按其适应水位深度，又可分为深水和浅水两类，深水种多为晚熟品种，浅水种则多为早熟品种。

●水红菱

为浅水红皮四角菱，苏州地方品种，是著名的优良品种之一。传统以苏州石湖水红菱最为佳。叶片菱形，青绿色，叶柄紫红色，叶背及茎褐红色，叶缘齿形。果实鲜红色，四个角，顶角长1厘米，腰角长1.5厘米，扁尖；果高2.5厘米，宽3厘米，长4厘米，单果重20克左右。较早熟，不耐深水。每盘菱结果6~8个，果壳较薄而果肉质地较嫩脆、水分多，微甜，宜生食。

●大青菱

为深水青皮四角菱，又名懒婆菱、无锡菱，江苏省无锡市地方品种，苏州市亦有种植。叶片排列较密，菱形，深绿色。四个角，两肩角平伸，两腰角下弯。果实深绿色，单果重25克左右，高3.1厘米，宽2.8厘米，长4.3厘米。中熟，较耐深水。每盘结果10多个，果壳较薄，而果肉质地较糯，味美，生熟食均可，以熟食为主。

●馄饨菱

为深水绿皮四角菱，苏州地方品种，又名元宝菱，浙江省亦有种植。叶片菱形，淡绿色，叶缘有齿形浅缺刻。果实四个角，顶角长1厘米，稍向下弯，腰角0.5厘米，角细尖，果长形，中心两边突出，形似馄饨；果高2厘米，厚2厘米，宽3.8厘米，嫩菱皮白绿色，单果重17克左右。中熟，较耐深水。果肉水分少，熟食粉质，味佳。

●和尚菱

为绿皮无角菱，浙江省嘉兴市地方品种，又称南湖菱，苏州市亦有种植。叶片菱形，淡绿色，叶缘齿形，叶顶端稍尖。果实半圆形，无角或少有微突的两角或四角，一侧较平，一侧突鼓起，果高2.5厘米，宽4厘米，厚2厘米，单果重14克左右。中早熟，不耐深水。每盘结果6~8只，果壳较薄，嫩菱皮淡绿色，水分多、质脆，味稍甜，可生食。去壳方便，出肉率高。老菱皮黄白色，熟食质粉味香。

●大老乌菱

为深水青绿皮两角菱，又名扁担菱、撬角菱、凤菱等，长江流域以南地区均有种植。叶片菱形，绿色，叶缘有齿缺。每盘结果6~8个，果实较大，高3厘米，厚2.5厘米，宽4~4.5厘米，两角下弯，长1.8厘米，单果重25克左右。晚熟，为深水菱。皮厚，嫩果皮青绿色，成熟后贮藏中皮呈黑色。老熟后熟食，或加工制粉，味佳。

菱角生长过程

注：此页品种照片（除大老乌菱外）来自《苏州水生蔬菜实用大全》，江苏科学技术出版社，2005年版

收 采收

●采收时间

一般在开花后 15～20 天即可开始陆续采收，大约在 8 月下旬至 9 月上旬开始，始收期一般每 7 天采收 1 次，盛收期 3～4 天采收 1 次，俗称"五天两头采"，至 10 月下旬结束。根据菱的不同品种要求，及时采收可以提高后期产量和总产量，并获得较好的品质。

●采收标准

生食菱可在果皮还未充分硬化时采收，采收标准为果实略硬，果皮颜色鲜艳，如鲜红色或淡绿色，萼片脱落，用指甲可掐入果皮，果肉嫩、脆，菱角可浮于水面。

熟食菱要在果实充分成熟时采收，采收标准为果实充分硬化，果皮颜色较暗，如紫红色、褐色等，果柄与果实的连接处出现环形裂纹，果尖突现，果实容

易脱落。熟食菱重而易沉水，应及时采收。

●采收方法

浅水菱可穿防水裤直接从行间下田采收，而深水菱则一般乘坐菱桶或小船采收。采收时，几位农民并排，分别乘坐在菱桶前端，自菱塘一端开始，轻轻提起菱盘，留一半果梗将成熟菱角摘下置于身后，摘完后将菱盘放回，再继续前行。注意不可捏心叶，以免影响后期产量。

采菱时要做到"三轻""三防"。三轻为：提盘轻、摘菱轻、放盘轻；三防为：防猛拉菱盘，植株受伤；防采菱速度不一，老菱漏采；防老、嫩不分，采摘不净。

采下的菱应立即浸入水中存放，防止高温、日晒变质。

提

将菱盘轻轻提起

采收期的菱塘
菱叶长势旺盛，将水面完全封行
菱女坐在菱桶前端并排前行
轻轻摘下成熟菱角
投入身后的桶中

摘

菱角的采收

田间管理

●水分调节

菱苗定植时应采取浅水种植。池塘水位30厘米左右，有利于提高土温和水温。菱苗成活并开始生长时，逐步加深水位，直至水位达到1.5～2米左右。

●扎垄防风

在大水面种植菱角时，若风浪较大，在菱苗出水或移苗后，需立即扎菱垄，防风浪冲击和杂草漂入菱塘。在菱塘外围用毛竹打桩，间距10米左右，竹桩长度以入土30～50厘米、出水1米为宜，竹桩间拉尼龙绳（粗草绳亦可），并在桩上扣以活结，使绳能随水涨落，始终浮于水面。最后在绳上每隔30厘米左右按"十"字形捆绑水花生。待水花生长茂盛后即可防风挡浪，亦可用菱草顺绳捆绑防浪。

●清除杂草

前期菱塘中常见杂草有荇菜、水鳖草、青苔、槐叶萍等，发现后应及时清除。条播者在菱盘未封行前用菱篦在行间来回拖拉，同时注意将菱盘心叶较尖、叶片无光泽的野菱拔除。

●追肥

老菱塘常年不施肥将造成减产，肥力不足的菱塘可以在播种前撒施草塘泥。而一般菱塘在菱始收期顺菱盘追肥即可，氮、磷、钾三要素并重，尤其磷、钾充足时抗病性强，结果多且品质好。

水中杂藻

需清除杂草的菱塘

菱苗定植之后
稀疏的菱盘浮于水面
一两个月间便能逐渐长满菱塘
待到菱叶拥长，翘出水面
便预示着菱角即将成熟

5月，开始形成菱盘

6月，菱盘已长满水面

7月，菱盘开始拥起

8月，菱叶由贴水转为挺出水面，菱角成熟

菱角田间管理

14

菱角的营养与功效

文：黄文宜（中医师）

【饮食养生】

◎营养成分：菱角的热量、蛋白质、碳水化合物、不溶性纤维、维生素B₁、烟酸、维生素C、钾、镁的含量较高。因为菱角的营养价值高，可以替代谷类食物，而且有益肠胃，《随息居饮食谱》曰"鲜者甘凉……熟者甘平，充饥代谷。亦可澄粉，补气厚肠"，适合体质虚弱者、老人与成长中的孩子。

◎生熟皆宜：鲜菱角生食，能消暑热、止烦渴；菱角熟食可健脾益气、安中、补脏、行水。

◎减肥良品：传统中医认为常吃菱角可以补五脏，除百病，且可轻身——所谓轻身，即有减肥健美作用，因为菱角的脂肪含量极低且不溶性纤维含量高，可增加饱足感，不易堆积脂肪。

◎酚类益人：研究证实菱角中的酚类可及时清除体内的自由基，起到抗氧化作用。此外菱角所含多酚类物质如没食子酸，还可用于保护神经细胞和镇痛。

【饮食治疗】

◎性味归经：生者性寒味甘，熟者性平味甘，入肠、胃经。

◎食疗验方：【抗癌】：薏苡仁、紫藤、诃子各9克，菱角60克，水煎服。【醉酒】：鲜果250克，连壳捣碎，加白糖60克，水煎后滤液，一次服完。【月经过多】：鲜果250克，水煎1小时后滤取汁液，加红糖适量，1天内分2次服完。【痔疮出血、疼痛】：鲜果90克，捣烂后水煎服。【黄水疮】：隔年老菱壳烧存性，以麻油调匀，涂患处，每日2次，连用数日有效。【皮肤疣】：取鲜菱蒂搽拭患处，每次2分钟，每日6～8次。【痢疾】：菱角120克，水煎服，早晚各一次。【小儿腹泻】：菱角30克，水煎，滤取煎液与藕粉30克调成糊状，煮熟喂服，每天3次。【脾虚泄泻】：鲜果90克（去壳取肉），蜜枣2个，加水少许研成糊状，煮熟当饭吃，每天3次。【胃溃疡】：菱角120克，水1升煮沸半小时，滤取汁液盛于保温瓶中，每晚睡前、晨起及午睡起来后各喝1～2杯，连服一个月。

◎抗癌佳果：据现代药理实验报道，菱角含有的粗多糖及麦角甾四烯、β−谷甾醇等活性成分对癌细胞的变性和组织增生均有抑制作用，可防治食道癌、胃癌、子宫癌等，还含有少量抗腹水肝癌的成分 AH−13。

【饮食节制】

◎生食多伤脾胃，损阳气，痿茎。熟食多令腹滞气，腹胀饮姜汁酒一二杯可解。小儿秋后食多，令脐下痛。

◎菱角含丰富淀粉，糖尿病患者应适量摄取，避免摄食过多，而引起瞬间血糖升高。

【饮食宜忌】

◎菱壳上易残留姜片虫，生食前需充分泡、洗、刷净。

◎因菱角富含钾，慢性肾衰竭患者食用前最好先烫过，以降低菱角中钾的食用含量。 ■

注：
①文中所涉营养成分含量，均依据《中国食物成分表（第一册）》，北京大学医学出版社，2009 年第 2 版。
②文中所涉中医内容，主要参考《本草纲目》等古籍。

菱角的采收

菱桶里堆满刚采集的菱角

将菱盘轻轻放回

将成熟菱角小心摘下

白居易有诗云：

菱池如镜净无波，白点花稀青角多

说明当池面上依稀可见菱花，也就是采菱时候了
一手提起菱盘，一手摘下菱角入桶
随即轻轻把菱盘放回

留种

一般在菱角盛果期，即第四五次采收时，留种最适宜。要选用具有本品种固有特征、形态整齐、皮色深、无虫口病斑、壳薄肉厚、充实饱满的老熟菱（即果实背部与果柄分离处有 2～3 个同心花纹）留种。果实初选后，放置水中，除去浮果，留下下沉果作留种用。

菱角不耐干燥贮藏，一般都采用水中吊放贮藏。于 10 月下旬用柳条筐或尼龙编织袋包装，每筐（袋）50 千克左右，吊挂在水中毛竹架上。一般水深 30 厘米左右，上不露水面，下不着泥，保持洁净的活水流动。注意防止菱种遭鼠害和受冻，一般水温 4 摄氏度以上即可安全越冬，如遇低温可沉至水底。因留种时温度较高易使表皮生菌，故吊贮后 20 天左右应取出淘洗，再挂回原处。由于菱种在贮藏中会损耗部分，因此留种时应根据翌年播种面积适当多留一些。

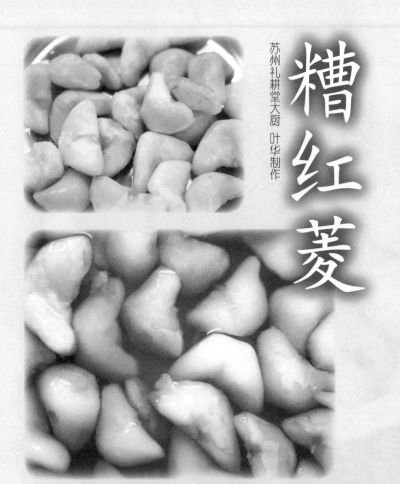

糟红菱

苏州礼耕堂大厨 叶华制作

主料：

红菱 150 克

调料：

老大同香糟卤适量

准备：

将红菱剥皮洗净。

制作：

1 锅中放足量水，大火烧开，放入去壳红菱余烫 5 秒，使之褪去表面薄膜，捞出沥净水分。

2 将红菱浸在香糟卤中，加封保鲜膜，放入冰箱中 12 个小时以上，即可取出食用。

此菜历史悠久至今在江南还十分流行香糟卤以陈酿酒糟调制而成浓郁的香气浸入嫩菱肉中有独特的咸鲜香味

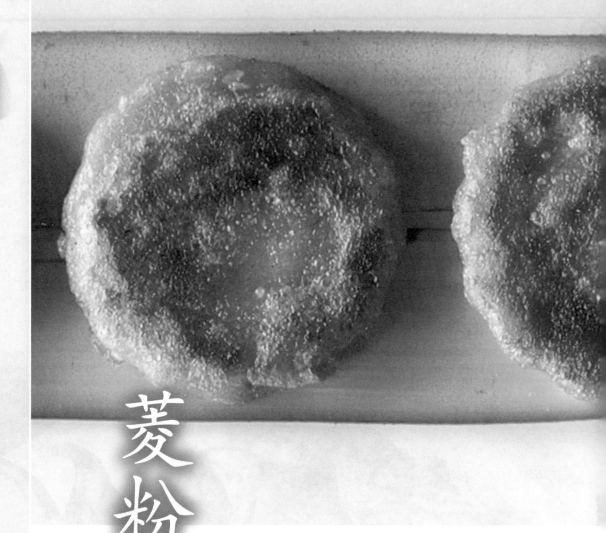

菱粉塌饼

苏州礼耕堂点心师 宋兆远制作

主料：

红菱 3 个
菱粉 1/4 杯
水磨糯米粉 1 杯
粘米粉 1/8 杯

调料：

食用油少许
白糖 1/6 杯

准备：

红菱去皮洗净，切成小碎丁。

焐熟菱

苏州市前港村厨师 殷世芳制作

主料：

菱角 500 克（以
老菱为佳）

调料：

盐少许

准备：

将菱角带壳洗净。

制作：

锅中放足量水，放入带壳菱角，加盐少
许，大火烧开，煮 10 ~ 15 分钟即可，
剥壳食用。

要诀：老菱耐煮，且久煮更香，可适当延长蒸
煮时间。

焐熟菱是苏州人钟情的小食
口感似板栗，粉而甘香
旧时苏州街头，不少贫困人家以卖焐熟菱为生
叫卖：『青板儿热老菱——』
满街飘起的菱香，引来孩子们争相购买

蜜汁红菱

苏州礼耕堂大厨 叶华制作

初秋时节的菜场里
鲜嫩的菱角最受欢迎
此处选用最新鲜的水红菱
挑选方法是把菱角放在水里
浮起者为鲜，可直接生食

准备：

将红菱剥皮洗净。

主料：

红菱 300 克

调料：

蜂蜜汁适量
草莓汁适量

制作：

1 锅中放足量水，大火烧开，放入去壳
红菱余烫 5 秒，使之褪去表面薄膜，
捞出沥净水分。

2 将蜂蜜汁与草莓汁按 2:1 调好。

要诀：草莓汁也可用别种口味的果汁替代。

3 将红菱浸入调好的汁中 2 小时后，即
可食用。

制作：

1 将菱粉 1/4 杯、水磨糯米粉 1 杯、粘米粉 1/8 杯、白糖 1/6 杯和红菱丁混合在一起，加水 1/2 杯，揉成光滑的面团。

2 案板上撒一层水磨糯米粉，将揉好的面团搓成长条，分成若干约 15 克一团的小团，揉圆压成饼状。

3 平底锅中放少许食用油，中火烧热，放入菱粉饼，约煎 8 分钟，中途翻面，煎至两面金黄，即可出锅。

葱油红菱

苏州礼耕堂大厨 叶华制作

主料：

红菱 300 克

调料：

食用油 2 小匙
葱花 50 克
盐 1 小匙
味精 1/2 小匙
淀粉 1 小匙

准备：

1 将红菱剥皮洗净。
2 淀粉加少量冷水调匀成水淀粉备用。

制作：

炒锅中放油 2 大匙，大火烧至五成热，放入葱花、盐 1 小匙、味精 1/2 小匙，水淀粉勾芡，放入红菱，滑炒 30 秒，即可出锅。

苏州市前港村厨师 殷世芳制作

荸荠炒菱

主料：

菱角 200 克
荸荠 200 克

调料：

食用油 2 大匙
盐 1 小匙
鸡精 1/2 小匙

准备：

1 菱角去壳洗净，切成小块。
2 荸荠去皮洗净，切成小块。

制作：

1 炒锅中放油 2 大匙，大火烧热，放入
  菱角、荸荠，翻炒数下，放盐 1 小匙，
  加水少许，盖锅焖 1 分钟。
2 放鸡精 1/2 小匙，翻炒均匀，即可出锅。

苏州得月楼大厨 陈军制作

荷塘小炒

主料：

荸荠 3 个

菱角 3 个

茭白 2 根

芡实 50 克

嫩莲子 50 克

豌豆 20 克

青红椒 20 克

调料：

食用油 4 大匙

盐 2 小匙

味精 1 小匙

淀粉 1 小匙

准备：

1 荸荠、茭白去皮洗净，切成约 2 毫米
  厚的小片。

2 菱角剥壳洗净，切成小块。青红椒去
  籽洗净，切成小块。

3 嫩莲子剥壳洗净，芡实、豌豆洗净。

4 淀粉加少量冷水调匀成水淀粉备用。

制作：

1 锅中放水大火烧开，放入所有食材，
  余烫 10 秒，捞出过一遍冷水。

2 炒锅中放油 4 大匙，放入所有食材，
  大火翻炒 3 分钟，加入盐 2 小匙，味
  精 1 小匙，水淀粉勾芡，翻炒均匀，
  即可出锅。

『荷塘小炒』是一道素食名菜

此处做法选用了五种水生蔬菜

色泽、营养、口味都属上乘

堪称素菜中的经典

雪菜红菱

苏州新聚丰大厨 马波制作

主料：

红菱 300 克
雪菜 100 克

调料：

食用油足量
盐 1 小匙
味精 1/2 小匙
淀粉 1 小匙

准备：

1 将红菱剥皮，洗净。雪菜切碎。

2 淀粉加少量冷水调匀成水淀粉备用。

制作：

1 炒锅中放油足量，大火烧至二成热，放入红菱，一过即捞起，沥去油分。

注：家常制作时，可省略此步骤。

2 另起锅放油 2 大匙，放入雪菜，加盐1 小匙，味精 1/2 小匙，翻炒均匀，放入红菱，翻炒两分钟，水淀粉勾芡，即可出锅。

雪菜即为腌过的雪里蕻
同样做法也可替换成荠菜
只要应季而食，都是不错的搭配

苏州礼耕堂大厨 宋兆远制作

菱角薏米粥

主料：

薏米 100 克
大米 100 克
菱角 100 克
红枣 20 克

调料：

白糖适量

准备：

1 菱角剥皮洗净，切成小块。
2 大米、薏米、红枣分别淘洗干净。将大米、薏米提前浸泡半小时。

制作：

1 锅中加足量水，放入菱角块、红枣、薏米，大火煮开 5 分钟后，放入大米，小火慢熬半小时至粥细滑浓稠。
2 依个人口味加入白糖，即可食用。

薏米是利水除湿的佳物，菱角滋阴润肺二者搭配是秋季养生的时令粥品

苏州石湖行春桥村 王小牛制作

菱茎炒肉

主料：

青菱盘连茎 6 个
（约 400 克）
猪肉 250 克

调料：

食用油 2 大匙
盐 1 小匙
味精 1/2 小匙
黄酒 1 小匙
白糖 1 大匙

准备：

1 将菱盘去除叶、泡子、根须，留
取叶茎和主茎（约 200 克），清洗
干净。切成粗细均匀约 5 厘米长的小段。

要诀：必须选用青菱的菱盘。红菱的菱茎发
苦，无法食用。

2 猪肉洗净，切成约 3 毫米厚的肉片。

制作：

1 锅中放水，大火烧开，将菱茎余烫 1
分钟，捞出沥干待用。

2 炒锅放油 2 大匙，大火烧至六七成热，
放入肉片，翻炒至变色，加黄酒 1 大匙，
白糖 1 大匙，盐 1 小匙，味精 1/2 小匙，
中火慢炒 5 分钟。

3 放入菱茎，翻炒均匀，略煮至熟透，
即可起锅。

此菜是菱户特有的吃法，历史悠久困难时期，菱茎甚至成为当地的救荒食物滋味酸甜，有菱茎的清香，口味独特王阿婆说： 做得清爽最重要

采访手记

周根夫师傅示范如何定植菱苗

（上接第 2 页）

节，一天多的能产两三万斤，水红菱有七八千斤。这几年石湖被挖深，最深的地方甚至挖到十来米，远远超过菱适合种植的水位。湖边有些浅滩可以种，但也因为"影响景观"的原因被禁止。

所以现在水红菱在石湖已经基本绝迹。被整治成标准风景区的石湖，湖面空荡荡的。不过周大伯还是带着我们在石湖东南边一些较浅的水面上，找到了残存的一点点水红菱。周大伯说，现在整个苏州水红菱产量总共加起来，每天最多只有两三千斤。

● 越溪的菱角种植

周大伯的弟弟周根夫师傅，现在在越溪承包水面继续种植菱角。我们便和周师傅约好，次日跟随他来到越溪，采访现在的菱角种植情况。

周师傅承包的水面有一百亩，位于太湖东部延伸进陆地的一块河港中，三面都是正在兴建中的高楼。"菱角要在清明前十来天种下去。"周师傅说，"以前种菱的时候，只是像撒谷种一样把菱种抛进水中。后来我改进了办法，在水面上定好距离插芦苇做标记，沿着芦苇撒，就不会种得过密或过稀了。"另外种菱的时候要注意水里不能养龙虾、草鱼、鳊鱼这些会吃菱的水产，花白鲢则不影响。

我们随周师傅上了小船到菱塘中观察。深水菱大多在苗长到一定高度的时候要挖出菱苗，移苗定植。这时周师傅家的菱角刚刚定植完不久，水面上浮着小小的菱盘，紧贴水面。为了说明清楚定植的方式，周师傅特地起出一株菱苗，示范给我们看。

和之前看到的成熟菱角相比，这时的菱苗显得极其纤细柔弱，下端是菱种，向上长出两根长长丝线一般的水中茎，茎最下面长着土中根，之上则是十来枝排满细须的水中根，反而是自下而上逐渐细弱。顶端除了主菱盘，还有两三个分枝。周根夫从船舱拿出一根接近三米长的竹竿，竹竿顶端划有一个叉口，先将菱种旁的根须顶在叉口上，接着一手拎着菱茎上段，扶着竹竿，一手握着竹竿上段，顶着菱种把菱苗按入水底。周师傅特别交代，竹竿不要直接顶在菱茎上，叉住旁须按下去，以免弄伤菱苗。

各个品种的菱角，长度和所耐水深都不太

一样。周师傅帮我们挖了一株水红菱与老乌菱对比，水红菱长度只有一米四，老乌菱的长度就超过两米了。这时刚刚过立夏，周师傅说，立夏后十几天观察，如果叶子开始翘出水面，就说明种得太密或者生长过于旺盛，5月底前叶子不翘都是比较好的。

因为是在大水面种菱，风浪也会比较大。周师傅说，他们还会把茭草或芦苇连根拔起扎成草栏，围护在四周，不让菱角漂出去。附近还有一种东洋草，也就是水花生，也可以扎成草栏，但东洋草容易长势过旺，占用水面。

●划着菱桶采红菱

在船上，周师傅还跟我们聊起了菱角的采收。水红菱一般8月上市，采收的时候看菱的尖角，太软不行，太硬又过老，八成硬最好。一年可以收八到十轮，五六天一轮，可以采两个月。一亩每年可以收两三千斤。水红菱就是图个新鲜，到了采菱的季节，每天一般6点开始，12点结束，下午就要跑市场，赶紧卖掉。

大概在采收第三四轮的时候，要收留种的菱角。因为中间段的菱发育得最好，能够保留优良种性。一般菱角两三块钱一斤，但好的菱种贵的可以卖到二十块钱。

采红菱的场景，我们在两年前就已经见到。当时经由汪浩先生摄影界的朋友介绍，得知苏州越溪镇的旺山附近，有大面积菱塘正在采收，我们在2010年9月初，特地前往采访。这时的菱塘水面已

越溪的采红菱现场

石湖的王小牛大娘
为我们准备菱茎菜肴

经完全封行，菱盘长势旺盛，叶片不再平浮水面，而是片片向上竖立，绿意盎然。

此时正是水红菱采收旺季，有五位大娘正坐在菱桶之中，并排在菱塘中向前划动，身后留下五条长长的水道。大娘们头戴斗笠，下身围着薄膜防水，往前靠在菱桶的前端，一一轻轻捞起菱盘，把成熟的水红菱摘下便顺手丢在身后的桶中，再轻轻把菱盘放回水中。大娘们的菱桶后部已经铺满菱角，水红菱的色泽鲜红欲滴，大娘们远看就像泡在红色的菱堆里一样。

除了乘坐菱桶或者小舟采菱，有的地方也可以直接下水采收。2011年9月末，我们来到江湾村采访，在车坊镇至江湾途中，正好碰上一家农户正在采菱。江湾主要只是利用一些小河港汊的水面少量种植，或者偶尔在浅水塘里栽种，少有大面积集中种植。这家农户的菱塘面积不到一亩，旁边还有大约一半的面积未挖深而栽种茭白。

因为水面小，而且又是浅水栽种，所以农民朋友采用了另一种采收方式——穿着防水裤，径直走下菱塘采收。下水之后，水只淹到腰上，农友从水塘一端开始，逐一拎起菱盘，摘取菱角放入篮中。农友还顺手摘了一片茭白叶，作为标记放在采过菱角的叶片上，这样可以避免回来采摘的时候重复采收。农友还告诉我们，因为只是小面积浅水种植，所以这个菱塘基本处于"放养"状态，来年也不必重新栽种，靠前一年凋落的老菱自己萌发就可以了。

● 菱角的食用

在菱角采收之后，我们陆续在苏州得月楼、新聚丰、礼耕堂，以及前港村、江湾村、行春桥村，还有苏州的朋友家中制作了几道菱角美食。不同的菱角，适合的食用方式也不太一样。水红菱比较脆嫩，适合新鲜炒食、糟食，或者直接生食；老乌菱、大青菱等其他几种，菱肉较粉质，适合熟食，也可以加工成菱粉，做成菱粉塌饼或者糕点。

最特别的是，行春桥周氏兄弟的老母亲王小牛大娘，还帮我们用菱茎做了一道菱茎炒肉丝，是石湖当地菱户的吃法。王大娘告诉我们，水红菱的菱茎发苦，唯有青菱的好吃，炒长豇豆也不错。除了菱盘中的短茎，水中茎的上半段以及叶柄的下段都可以吃，以前饥荒的时候还是一道重要的蔬食。■

秋来美味说菱角

文：陈诗宇

菱角的得名

今天各地方言里，菱角大多都通称为"菱"，但在古代，菱还有许多别名。先秦时代，菱常被称为"芰"。屈原《离骚》有名句"制芰荷以为衣"。东汉许慎《说文解字》中释："菱，楚谓之芰""芰，菱也。从草，支声"。菱生在水中，水中茎的顶端轮生着几十片菱叶，形成一个菱盘，或称菱蓬，浮在水面上。成熟时菱叶会向上片片支起，由一根菱茎支起整个菱盘。后人大多认为，正因如此，而得"芰"之名。如明代李时珍在《本草纲目·果部·芰实》中说"其叶支散，故字从支"，清代朱骏声《说文通训定声》中也认为"言其叶之岐起，曰'芰'"。

明 刘节 《藻鱼图》（角落绘有菱盘）

至于"菱"这个称呼，一般则认为是因为多数品种的菱，所结的果实都有棱角的缘故。《本草纲目》"其角棱峭，故谓之菱"。但也有观点觉得，应该与浮在水面的菱叶近似菱形的外形和组合方式有关。在古籍里，同音的写法还有蔆、夌、蘷、薐等。需要指出的是，南朝梁人伍安贫在《武陵记》还认为"芰"和"蔆"所指的其实是两类，"四角、三角曰芰，两角曰蔆"。

菱有一个别名叫"水栗"。唐代段成式《酉阳杂俎·草篇》即称："芰，一名水栗。"菱角淀粉含量高，吃起来口感也和栗子类似，又长在水中，所以得此名。就像长在地下的荸荠也被叫作"地栗"一样。南宋《咸淳临安志·物产》中说菱"湖中生，如栗样者，最鲜。"菱的英文名"water chestnut"，正好也是水栗的意思。

悠久的栽培史

菱在我国的分布很广泛，南北均有，食用和栽培的历史也很悠久。距今六七千年的余姚河姆渡遗址、嘉兴马家浜遗址等多处新石器遗址中，均发现有菱角遗存出土。可见江南一带，菱角可能很早就成为古人类的食物。《周礼·天官冢宰·笾人》记载"加笾之食，蔆、芡、栗脯"，说明当时已经把菱肉制成脯食用。

陕西汉中东汉墓中曾出土陂池和陂池稻田模型各一具。陂池模型形态接近人工修筑的小池，在底部，均塑有几组菱叶。说明当时菱角很有可能已经被人工栽培。随后北朝贾思勰在《齐民要术》中，介绍了菱比较原始的种植方法："秋上，子黑熟时，收取，散着池中，自生矣。"只要把老熟的菱角撒播在池塘中即可，现在一些地区仍采用这种简单的种植法。

宋元时，菱角的种植已经颇具规模。南宋《嘉泰吴兴志》称湖州一带乡土已"种此成荡"。《宋史·苏轼传》提到苏东坡知杭州时，疏浚治理西湖后，也雇人在湖中种菱，"吴人种菱，春辄芟除，不遗寸草。且募人种菱湖中，葑不复生。收其利以备修湖"，还可以收取其利支付修湖费用，可见菱角已经成为经济作物。

到了明清，菱的种植更加普遍广泛，在南方很多地方还成为农家的主业。明代苏州人文震亨在《长物志》中称菱"吴中湖泖及人家池沼皆种之"。明嘉靖《常熟县志》："邑有湖泊，人以菱为岁业焉。"清代苏州人凌寿祺，在《佘桥白菱》中说到当地"不种菰与荷"，而"养得菱科肥，水清实累累"。甚至福建也开始普及，清末《闽产录异》称"宁、福、兴、泉、湖陂池泽多种之"。

千百年来，菱的种植技术渐渐有了很大的提高，明代《便民图纂》中记载了当时太湖流域菱的栽培，已经掌握了种菱贮藏法、育苗移栽法、竹筒施肥法等比较科学的种植管理方式："重阳后收老菱角，用篮盛浸河水内，待二三月发芽，随水浅深，长约三四尺许，用竹一根，削作火通口样，箍住老菱，插入水底。若浇粪用大竹打通节注之。"此处提到的这种先育苗，再用竹竿移栽定植入更深池底的方法，使菱的种植可以适应更深的水位，至今还在苏州一带被广泛使用。

在大水面种菱，风浪大时易冲散菱棵，为了保护菱苗，农人在菱荡四周加设植物防护带，一定程度上也扩大了菱的栽培范围。清宣统《吴长元三县合志》称，"吴俗种菱多于溪湖近岸，春时下种，四围植竹经绳"。清代温日鉴的《种菱词》把这种场景描绘得很美，"画波碧筱牵茅索，仿佛沟塍纷绣错"。此法今天也在江南继续沿用。

种类繁多的菱角

菱的种类很多，若按照果实的角数，大体可分为四角菱和两角菱两大种群，还有三角菱和棱角退化的圆角菱。前述新石器时代遗址所出土的菱角，已经有四角、两角、圆角之分。

紫砂果品 两角菱

早期栽培利用的多是有角菱，唐代段成式《酉阳杂俎》："今苏州折腰菱多两角。成式曾于荆州，有僧遗一斗郢城菱，三角而无芒，可以接莎。"北宋《本草图经》说，菱"今处处有之……实有二种，一种四角，一种两角。两角中又有嫩皮而紫色者，谓之浮菱，食之甚美"。南宋时已经有无角菱的记载，称作"馄饨菱"，南宋《嘉泰吴兴志》称"近又有无角者，谓之馄饨菱"。但是到了近代，"馄饨菱"所指的又是另一种四角青白菱，而用更为形象的"和尚菱"作为无角菱的名字。

随着栽培技术的提高和种植范围的扩大，菱逐渐形成了有别于野生品种的栽培品种"家菱"，南宋范成大《吴郡志》提及菱"有家菱、野菱"之分，《本草纲目》亦记载："野菱自生湖中，叶、实俱小，其角硬直刺人……家菱种于陂塘，叶、实俱大，角软而脆。"

通过对各种野生种的长期选育，菱的优良栽培品种也越来越丰富。除了"折腰菱""馄饨菱""青菱"之外，宋代还有"红菱""沙角儿"等名目。如宋代《东京梦华录·卷八》"是月巷陌杂卖"中提到当时街头小吃有"红菱、沙角儿"，把沙角儿和红菱并列。今天的上海和江南一带，把一种适合熟食的老乌菱称作沙角菱。上海文史专家薛理勇老师认为，古语和方言里"沙"或"莎"也可指淀粉，水果成熟过头，水分和糖分转化为淀粉，就被称为"起沙"，推测之所以有"沙角"的名字，就是因为老菱淀粉含量很高，又带角的缘故。

清宣统《图画日报·营业写真》卖沙角菱

营业写真 (四十五)

卖沙角菱 (颜)

红菱与青菱

到了明清，菱的分类进一步细化，尤其在江南太湖流域一带，品种尤为繁多。除了按角数，还可按深水、浅水，或早熟、晚熟分。若按颜色，又大体可分为青绿色和红色两大类。

明代苏州《长物志》记载："菱……有青、红二种，红者最早名水红菱，稍迟而大者曰雁来红；青者曰莺哥青，青而大者曰馄饨菱，味最胜；最小者曰野菱，又有白沙角，皆秋来美味。"顾禄《桐桥倚棹录》说到虎丘的菱："馄饨菱本荡不多得，小白菱为多。又小者名沙角菱。"记录了当时苏州一带菱角的各种品种名称，有些在今天还在继续栽培。一幅苏州康熙年间的桃花坞版画《莲菱图》中，也描画了红色的四角菱和绿色的二角菱。

清康熙 苏州桃花坞版画《莲菱图》

红菱中的水红菱，至今还是苏州名产，又被叫作"苏州红"，水红菱小而尖，清代还有人把它与小脚相比。清末《图画日报·营业写真》中有一幅"卖水红菱"，上有题词："红菱壳，瘦而尖，红菱肉，嫩且甜。昔人以之比小脚，裙边风味动爱怜。"而另一种"特大，色红味鲜"的红菱略晚熟，被称作"雁来红"，大约是因为采菱时已到了大雁南飞的时节。

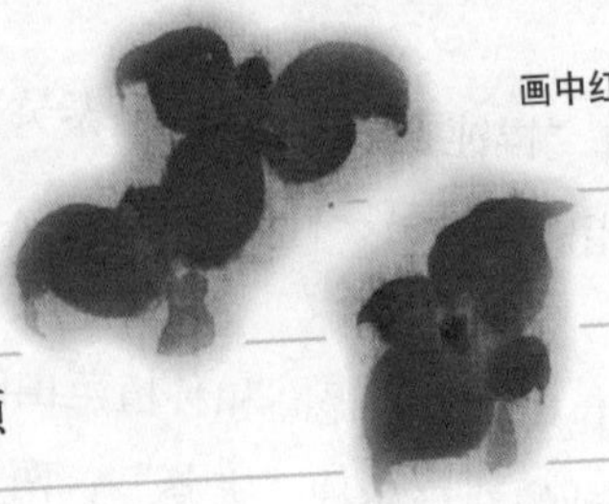

画中红菱

另外还有一种红菱“顾窑荡菱”，则是以地命名，出自苏州长洲顾荣墓。明代卢熊《苏州府志》记道：“又有软尖花蒂二种，产长洲顾荣墓，实大而味胜，号顾窑荡菱。”“顾窑荡菱”品质优良，在苏州方志史料中屡被提及，还常被写作“戈窑荡”“哥窑荡”“顾姚荡”。属青菱类常见的则有馄饨菱、和尚菱、鹦哥青、沙角菱等。

明清江南人在诗词多有提及菱角，若不了解江南菱角这些丰富的种类名称，恐怕很难理解词中所指何物。如清代苏州人沈朝初《忆江南》咏道：“苏州好，湖面半菱窠。绿蒂戈窑长荡美，中秋沙角虎丘多。滋味赛苹婆。”顾翰《松江竹枝词》中讲：“舟浮舴艋怕经风，划过长浜曲径通。为道今年菱早出，鹦哥青胜雁来红。”都点出了好几种江南人喜爱的著名菱角品种。

菱歌清唱不胜春

每逢菱角采收的季节，只只小船或菱桶在菱塘中穿梭，菱女匍匐采菱，劳作时菱歌不断，成为一大胜景。《尔雅翼》中说“吴楚之风俗，当菱熟时，士女相与采之，故有采菱之歌以相和，为繁华流荡之极。”屈原《楚辞·招魂》中有“涉江采菱，发扬荷些”，说的便是楚地乡民在江中采菱，情不自禁发出兴奋之歌的场景。

菱歌的历史很悠久，自魏晋以来，流传下来的《采菱曲》《采菱歌》不计其数。歌咏采菱与采菱时菱歌起伏之景，也是自古以来一个常见的诗题。李白《秋浦歌·其十三》描绘道：“渌水净素月，月明白鹭飞。郎听采菱女，一道歌夜归。”他的《苏台览古》也有名句“旧苑荒台杨柳新，菱歌清唱不胜春”。宋代词人柳永在《望海潮》中歌咏：“羌管弄晴，菱歌泛夜，嬉嬉钓叟莲娃。”可见古时在湖荡中，男女采菱，菱歌应和，还是赏心悦目的情事。不仅入诗，采菱的美景还常是入画的题材。如清代任熊的《姚燮诗意图册》中的一幅“菱女舠鶂船，赤臂骭如束”，描绘了一片菱荡之上，菱女们挽起衣袖，蹲在小舟前端，忙得不亦乐乎。

清 任熊《姚燮诗意图册》采菱

当然，采菱并非轻松之事，也有诗词描写采菱之苦。南宋范成大有诗云："采菱辛苦废犁锄，血指流丹鬼质枯。无力买田聊种水，近来湖面亦收租。"明代杜琼《采菱图》："三三两两共采菱，纤纤十指寒如冰。不怕指寒并刺损，只恐归家无斗升。"为了果腹，天寒地冻时也要辛苦采菱。

菱的各种吃法

李时珍在《本草纲目》中曾总结了菱的各种吃法：野菱"嫩时剥食甘美，老则蒸煮食之。野人曝干，剁米为饭为粥，为糕为果，皆可代粮。其茎亦可曝收，和米作饭，以度荒歉，盖泽农有利之物也"，家菱"嫩时剥食，皮脆肉美，盖佳果也。老则壳黑而硬，坠入江中，谓之乌菱。冬月取之，风干为果，生、熟皆佳"。

不同品种或生长阶段的菱，吃法不太一样。水红菱和嫩菱，水分充沛，鲜脆爽口，比较适合生食，或者当作新鲜的蔬果入菜，《红楼梦》中曾提"……里面装的是红菱、鸡头两样鲜果"。水红菱还可以用水汆烫后，用酒糟腌渍食用，周作人在《菱角》中说到这种吃法："秋日择嫩菱瀹熟，去涩衣，加酒酱油及花椒，名'醉大菱'，为极好的下酒物（俗名过酒坯），阴历八月三日灶君生日，各家供素菜，例有此品，几成为不文之律。"现在糟红菱也还是江南常见的吃法之一。元代《居家必用事类全集》中记有以菱肉制成"假蚬子"的素菜做法，和今天苏州的"素虾仁"也有异曲同工之妙。

而一些青菱或者老菱，则适合熟食，或者采收老熟菱角风干或曝干，名为"风菱"，可以焙熟当作零食。卢熊《苏州府志》："今苏州折腰菱多两角，干之曰风菱。"清末《图画日报·营业写真》有一幅"卖熟风菱"，上有词曰："风菱越熟味越好，风菱壳硬肉越老。又熟又老好风菱，一卖便完只嫌少。"

菱角淀粉丰富可充饥，自古以来饥荒时都将其作为重要的粮食补充或替代。晋代郭益恭《广志》说"淮汉以南，凶年以菱为蔬"；陶弘景也提到菱"庐、江间最多，皆取火燔以为米充粮"。元代的《农桑之制》和明代的《救荒本草》都把菱列为防饥荒

清宣统《图画日报·营业写真》（之六）卖熟风菱

營業寫真（之六）

（卖熟风菱）
风菱越熟味越妙，风菱壳硬肉越老。又熟又老好风菱，卖便完只嫌少。卖菱人人爱卖老菱，卖菱人人爱年轻。菱人人爱好风菱一，纤纤手把菱采采口，唱菱歌无限情。

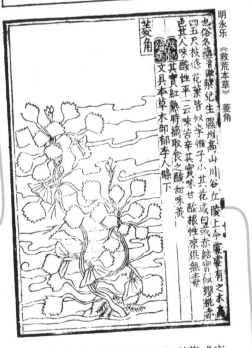

明永乐《救荒本草》菱角

的重要作物，历代也多有良吏提倡乡民多集菱以备荒，唐代湖州刺史崔元亮"察土宜，知郡城南土肥泽，水势平缓，多淤泥，独宜菱，因课种备荒，咸赖足食"。若把菱的淀粉提取出来，便是菱粉，宋元已有记载。菱粉是勾芡的原料，还可以制饼、制糕，如《红楼梦》中提过的"菱粉糕"。

菱的茎叶植株，又被称为"菱科"，采收菱科的嫩茎和叶柄，也是一道爽口的鲜蔬。清代顾仲《养小录》中写："菱科，夏秋采嫩者去叶梗，取圆节，可焯可糟。野菜中第一品。"明代王磐《野菜谱》中提及菱科"夏秋采，熟食"，并收录一首民谣，把菱科当作救饥之物："采菱科，采菱科，小舟日日临清波。菱科采得余几何？竟无人唱采菱歌。风流无复越溪女，但采菱科救饥馁。"至今江南产菱的地方，菱农还常常食用菱茎。

典故与俗语

中国人爱吃菱，早在先秦就曾发生过一个与嗜菱有关的千年公案。《国语·楚语上》有一篇"屈到嗜芰"，写楚国的大夫屈到很爱吃菱，有一次生了重病，召集宗老嘱咐，"祭我必以芰"。等到屈到过世后，宗族准备用菱祭祀他，屈到之子屈建却反对这样做。宗老说，这是先祖的嘱咐，应当遵守。屈建说："不然，夫子承楚国之政，其法刑在民心，而藏在王府，上之可以比先王，下之可以训后世，虽微楚国，诸侯莫不誉。其《祭典》有之曰：'国君有牛享，大夫有羊馈，士有豚犬之奠，庶人有鱼炙之荐，笾豆、脯醢则上下共之。'不羞珍异，不陈庶侈。"认为用菱祭祀不合礼制，"夫子不以其私欲干国之典"，最终不用菱祭。

或"干国典"，或"违父命"，到底哪种做法合乎情理与礼法，实质上也是"忠"与"孝"之争，千百年来文人儒士议论不断，甚至还留下许多相关的名篇，比如唐代柳宗元的《非国语》，宋代苏东坡的《屈到嗜芰论》。

不过从另一个角度看，这个典故还延伸出不一样的含意来。《韩非子·难四》说："屈到嗜芰，文王嗜菖蒲菹，非正味也，而二贤尚之，所味不必美。"菖蒲菹是周朝时用菖蒲制成的腌菜，为周文王所爱，《周礼·天官冢宰·醢人》中有"馈食之豆，其实葵菹"。菹与菱，都是稀松平常的食物，于是后人也用"周菹楚芰"这个成语来比喻喜欢比较普通或者不值得喜欢的东西，也表达了一个道理，人所喜欢的东西不一定就是值钱贵重之物。

除此之外，因为菱角的形态和特性，也有不少俗语。菱有刺角，歇后语有"荷叶包不住刺菱——缺点瞒不住众人"；陆游有诗"平生忧患苦萦缠，菱刺磨成芡实圆"，也留下了一句"菱角磨成鸡头"的俗语，表达久经磨砺，棱角被磨圆的意思；菱角大约七月成熟，八月会自动脱落水中，到了九月就得在水中推索捞取，所以也有人认为，所谓"七零八落"，应写作"七菱八落"，或者"七菱八落九推索"才对。

周作人 (1885～1967)，作家、翻译家，浙江绍兴人

越中的菱角　　节选自周作人：《菱角》（《自己的园地》）

每日上午门外有人叫卖"菱角"，小孩们都吵着要买，因此常买十来包给他们分吃，每人也只分得十几个罢了。这是一种小的四角菱，比刺菱稍大，色青而非纯黑，形状也没有那样奇古，味道则与两角菱相同。……

越中也有两角菱，但味不甚佳，多作为"酱大菱"，水果铺去壳出售，名"黄菱肉"，清明扫墓时常用作供品，"迨春犹可食"，亦别有风味。实熟沉水抽芽者用竹制发蓖状物曳水底摄取之，名"掺芽大菱"，初冬下乡常能购得，市上不多见也。唯平常煮食总是四角者为佳，有一种名"驼背白"，色白而拱背，故名，生熟食均美，十年前每斤才十文，一角钱可得一大筐。近年来物价大涨，不知需价若干了。城外河中弥望菱荡，唯中间留一条水路，供船只往来，秋深水长风起，菱科漂浮荡外，则为"散荡"，行舟可以任意采取残留菱角，或并摘菱科之嫩者，携归作葅食。

………………

水红菱只可生食，虽然也有人把他拿去作蔬。秋日择嫩菱瀹熟，去涩衣，加酒酱油及花椒，名"醉大菱"，为极好的下酒物（俗名过酒坯），阴历八月三日灶君生日，各家供素菜，例有此品，几成为不文之律。水红菱形甚纤艳，故俗以喻女子的小脚，虽然我们现在看去，或者觉得有点唐突菱角，但是闻水红菱之名而"颇涉遐想"者恐在此刻也仍不乏其人罢？ ■

叶放（辑）　画家、美食家，江苏苏州人

菱角钩沉

* 元代贾铭在《饮食须知》中称：菱，味甘性平。生食多伤脏腑，损阳气，痿茎，生蛲虫，水果中最不治病。熟食多令腹滞气、腹胀，饮姜汁酒一二杯可解，或含吴茱萸咽津亦妙。同蜂蜜食，生蛔虫。小儿秋后食多，令脐下痛。花开背日，芡花开向日，故菱寒而芡暖。熟干性平，生则冷利。四角三角为芰，两角为菱，功用相同。勿合犬肉食。

* 宋范成大《吴郡志》里说：芰即菱也，今人但言菱，诸家草木书亦不分别，唯《武陵记》云，四角、三角曰芰，两角曰菱，今苏州折腰菱多两角。

* 清代顾仲在《养小录》中写：菱科，夏秋采嫩者去叶梗，取圆节，可焯可糟。野菜中第一品。

* 清代袁枚《随园食单》有煨鲜菱的做法：煨鲜菱，以鸡汤滚之。上时将汤撤去一半。池中现起者才鲜，浮水面者才嫩。加新栗、白果煨烂，尤佳。或用糖亦可。作点心亦可。

* 清代徐珂的《清稗类钞》中另外两种关于菱的食用方法：

1.菱糌：自宁夏以来黄河北岸蒙古部落，无牛羊畜牧之利，夏秋之交，率就河滨采野菱以自给，冬春则干以为糌而食之。

2.菱角粉：菱角粉者，以老菱角四五斤，去壳，洗净，捣如泥，绞汁去渣，水澄取粉，晒干。食时加糖，以开水调之。 ■

作家、新闻人，安徽芜湖人 **谈正衡**

节选自谈正衡著：
《梅酒香螺嘬嘬菜》

被水红菱挑逗的不止是味觉

最具水泽之气的嫩菱，当然生吃最好。以之做菜，不管使上什么手法，若不能保住水灵清甜本味，都是弄巧成拙了。水红菱切片，红椒也切片同肉片先炒，将熟，再放入菱肉片略翻几下，菱肉堪堪半熟就装盘，肉的香鲜，菱的甘脆鲜嫩，正可各行其道。水红菱壳薄肉厚，适宜切片待用，仔鸡的腿肉切丁以料酒、豉油浸渍，下锅滑油断生，加作料加水稍焖片刻，再入菱肉片略翻炒至收干汤汁，即成。

北方人不识菱角为何物，搞不清是树上结的还是像花生一样从土里长出来的。但在艰难的年代里，秋天的菱冬天的藕，都曾是圩乡人的"活命粮"。菱角采收季节，至晚，家家都飘出焖菱角的香味。腾腾的热气中，揭去盖在锅上的大荷叶，一家人——有时也有串门的乡邻，便开始了菱角代饭的晚餐。一片"咔嚓""咔嚓"的响声。吃饱了，站起来拍打拍打衣襟上的粉末，女人则忙着打扫满地的菱壳。小孩子通常是白天采菱时坐在腰子盆里就已吃饱了脆甜的嫩菱。

那时，哪一口水塘不是铺满菱叶碧油油地发亮？许多鼓着眼睛的小绿蛙和不知名的水鸟就在这些绿毯上面跳来走去。菱五六天就要翻采一遍，多得一时吃不了，就晒干舂成菱粉，也有人家挖一口水窖，将整筐整筐的菱倒入养了，什么时候想吃，就用长柄的瓢舀出一些。而到冬腊年底，生产队车塘捉鱼，便有许多黑乎乎的菱水落石出，于是，孩子们有的捉野鱼，也有的专拖了一只大筐箩拾捡落水菱。

这些甜津津的吃在口里有一股淡淡沤臭之气的落水菱必须拾尽，否则年复一年，长出的就是角刺粗而肉少，俗称"狗牙齿"的野菱。落水菱当然捡拾不尽，来年夏初，水塘里会窜出好多瘦细的菱芽，抓住轻轻一提，就能拖上来下面乌黑发亮的母菱。这时菱壳黑亮已蚀得很薄，菱肉仍然莹白，而且由于贮存的淀粉变成了糖分，吃在口里别有一番醇甜之味。记得数年前的暮春在浙江嘉兴风景区，所见最多的便是卖这种黑黝黝落水菱的摊贩。用方便袋子或特制元宝篮子装着，兜销给游人，空中浮着一种淡淡的沤臭之气。当地习俗，有意让老菱沉入水底，冬日起塘时拾取，即"乌菱"。新年里煮了乌菱招待孩子，取菱与"灵"同音，孩子吃了念书聪明。

诗人车前子说："江浙一带，我吃过湖州的水红菱和常熟的水红菱，那两个地方也有灵气，过去生活过一群出类拔萃的文化人，出得文化人的地方，往往也有优秀食品生产。"嘉兴的乌菱，在未落水之前二八年华里，也是一样出落得红艳姣俏、水灵动人，花见花开，人见人爱，犹似西方芭蕾舞剧《红菱艳》里精灵一样舞动的红衣佳人。车前子之所以下定论"水红菱只能生吃"，且不论其潜意识是否就有"猎艳"的取向，但作为灵慧的诗人，在我的印象里，其诗歌的藤蔓，也曾是那般水灵鲜活。

菱的叶柄生有枣核一样的浮囊，内贮空气，故能浮生水面。圩乡人栽菱很有意思，先把在别人家水塘里扯上来的菱秧盘好，堆码在木盆里，每一棵根部都打上结，然后用撑盆的竹篙顶着这揪结，缓缓插到深水下的淤泥中。也有省事的，只在菱秧根部系了个瓦片扔到水中，照样能沉底分蘖发棵。菱始花于立秋，白露果熟。向晚时分，菱塘开满星星点点细小的白花，每花必成双，授粉后即垂入叶腋下水中结实。菱角对生，抓起菱盘，摘下一菱，不要看就知对应一边一定还有一个或两个。菱两端伸出的角叫肩角，两腹下角叫腰角。儿时斗菱，就是互以抱肋的腰角钩挂，然后扳拉，角折为输。"鸡婆菱"最甜嫩，粉红色，鼓鼓的。也有无角的菱，称为元宝菱。桀骜不驯的野菱结出的米，倒是特别粉，特别香，比栗子还好吃。野菱米与肉或仔鸡同烧，浸透了肉香，油光润亮，清甜粉酥，远胜出板栗不知多少。

菱的植株菱角菜，利用价值更大。其择去毛的嫩茎和掐掉浮囊的叶柄用水焯了，切碎再下锅炒一下，拌上蒜子淋几滴熟香油，便是农家饭桌上从夏到秋不变的风景。即便到了寒冬腊月，端上桌的仍是一碗发黑的腌菱角菜。世事变化，谁会料及当今豪华食府，一盘蒜茸爆香、放足了麻油的切得极细的凉拌野菱藤端上桌，于灯红酒绿的光影里，被一双双精致的筷子挑入一个个精美的碟盏里，其受欢迎的程度，绝对超过那些大牢之烩。

大城池如北平中，食此最多，都是嫩时食之。售此者大批买来，煮熟剪去两尖，用荷叶包售，每包不过铜子三几枚，买妥之后，他还管把粒剪开。大多数都是小儿的食品，饭馆中攒冰碗亦用此，但都是生吃，须更嫩者，稍老便不适口矣，盖嫩者脆而甜，老者则甘香。到秋季老熟后，则去皮出售，名曰菱角米，北平熬腊八粥，则必须有此；乡间食此者，亦多系腊八粥中用之，他时很少见也。

古书中都说菱即是芰，当然可靠，但水乡中另产一种芰米，米形很特别，长约一到二寸，粗只如黍禾，干炒食之，极为芳香，有似芝麻。此物很少见，我吃过几次，都是河北省外淀所产，本地人云，历来都呼为芰米，即唐诗"凭栏十里芰荷香"之芰。

齐如山 戏曲理论家，作家，河北高阳人

北平的菱角

节选自齐如山：《菱角》
（《华北的农村·谷类（下）》）

陆嘉明 作家，江苏苏州人

菱歌清唱不胜春

节选自陆嘉明：《淡淡水八仙 悠悠意外味》

最能体现苏州水城悠悠风情的，除了莲藕就是菱了。唐李白《苏台览古》诗云："旧苑荒台杨柳新，菱歌清唱不胜春。"更是杜荀鹤的诗："君到姑苏见，人家尽枕河""夜市卖菱藕，春船载绮罗"，早已家喻户晓，耳熟能详。苏州人喜欢叫孩子学背唐诗，这首《送人游吴》必为所选。二三岁童稚，出口成诵，莺声呖哜；枕河人家，菱藕飘香。这等景致，你也只有走进苏州，方能见得识得。记得我年轻时临河而居，每逢菱藕上市，常见满载菱藕的小船从窗牖前行来，只要招呼一声，船便泊在水埠，挑挑拣拣一番，称上一竹篮，足够全家人大快朵颐了。

菱，因果实生有两角，俗称"菱角"。说到它，可谓江南水蔬的元老和佼佼者了。早在六千余年前的新石器时代，人类文明曙光初现，吴地方物中也透出个中消息。江南之菱，从野生到人工栽培，与灿烂的吴地鱼稻文化同源共流，直到二千五百余年前春秋时期，苏州古城在江南水乡巍然崛起，菱，已是古人的家常素馔和寻常水果了。菱，在浩如烟海的古籍中频频出现，诸如《周礼》《广志》《齐民要术》《农桑辑要》《王祯农书》等经典著作，均有记载和描述。历代诗文中也多有菱的歌咏和清影，如唐东屿的一首咏菱诗"交游萍藻侣菰蒲，怀玉藏珍类隐儒。叶底只因头角露，此生不得老江湖"，就别有情趣和味道。

以往虎丘后山浜与西郭桥一带，盛产小白菱、沙角菱，山塘河中、柳荫深处，菱船往来，鬻声清越，自成一景。沈朝初有词赞曰："苏州好，湖面半菱窠。绿蒂戈窑长荡美，中秋沙角虎丘多。滋味赛苹婆。"尤其是在独领风骚的吴歌里，采菱歌更具水乡风情和轻缓柔婉的韵味。清代吴铠在《白荡菱歌》中就曾生动地描绘过："荡开十里欲浮天，到处栽菱不种莲。花影重重堆雪白，歌喉串串贯珠圆。渔家旧业田先熟，小女新腔曲未全。一带佘桥风物好，秋来采菱荡轻船。"其实，湖荡中菱叶稠密，船行不便，吴地采菱不用船而多用木制的浴盆。采菱姑娘坐在浴盆中，挽起袖管，露出雪白的双臂，边划盆边采菱。菱叶旋叠，野趣盎然，秋风吹过，菱歌四起，真叫珠圆玉润，荡人肺腑。此等风景，好一幅有品有味的"水乡采菱图"。这正如清代金农所作"采菱图册"中诗云："采菱复采菱，隔舟闻笑歌！"曾几何时，葑门黄天荡，浒关大白荡，都是菱的盛产水域，只可惜随着时代的变迁和经济的开发，时过景异，风光不再，当年盛况俱往矣。好在苏州四郊，凡有池塘水面处，

苏州石湖行春桥村村民　**周根夫**

采访整理：翟明磊　**活下去**

我们家世代在石湖种水红菱，爷爷时就从高邮过来，已经一百年了。那时还是船家，我们是渔民，还要打鱼的。以前一直吃住船上，没有自己房子，后来渔改才有房了，后来就归属大集体石湖大队。

我父母有四个孩子，20世纪60年代日子不好过没有粮食吃，是靠红菱活下来的。那时红菱是集体的，社员们吃不到的，怎么办？我父母就动了一些脑筋。红菱湖里有草栏，用茭白叶做的，防备菱角漂出去。爸爸妈妈去集体摘菱角时，偷偷采点红菱放在网兜里，扎在草栏上，浸在水里大家都看不见。到了晚上，我们小孩子偷偷划船到草栏边上捞起来，靠这个才活下来的。

采红菱有技巧，不能直接摘下来，而是要留一点茎不弄断，否则菱盘会受伤。怎么判断菱角熟了？角上青的软，角硬的就老了。太软不行，太嫩了也不行，八成左右最好。

水红菱不能种池里，要流动的河水，而且要没有龙虾、螃蟹才行。我邻居就不懂，被龙虾吃掉了。

种菱规模不能太大，以前种过200亩，管理不好，其实30亩是合适的，管得过来。我种红菱种了32年，十七八岁就开始了，今年50岁。1999年时养鱼亏了28万，还是种菱好。　■

仍皆植菱，菱歌飘香，风致依旧。

菱，始终是苏州人喜欢吃的好零食。

不过，我小时候爱吃的和尚菱，在市面上已难得觅到了。凡菱必有角，唯和尚菱无角，类似和尚的光头。光溜溜的，吃起来不必担心会被角刺戳痛。现在多见的是馄饨菱，亦以象形名之。还有一种乌菱，两角翘起，常使我想起古代武士的两撇胡子，威风凛凛的样子；外壳乌黑且质地厚硬，吃的时候一定要用刀劈成两半，才能剔出菱肉；而菱肉虽又干又硬，但吃起来有硬香，别有一味。和尚菱是和尚，心慈性软；馄饨菱是书生，心善性和；乌菱是将军，心烈性刚，是菱中的伟丈夫，虎虎有阳刚之气。还有一种沙角菱，长得小巧玲珑，但角尖刺长，稍不留心，就会戳痛手和嘴，犹是带点野性的小辣妹，你要小心侍候，她才不会伤你。菱肉倒是别有纯香，悠悠的余味讨你喜欢。

这些菱皆宜烧熟了吃，且宜热吃，既酥又粉，既清又香。冷了再吃，口感滞腻，香味大减。以前苏州常有卖熟菱的小贩走街串巷，还高声吆喝着："阿要新鲜热的馄饨菱啊——""阿要热荡荡的和尚菱啊——"袅袅吴音，也是热气腾腾的。煮菱，最好是放在铜锅里用木柴烧，出锅的菱生青碧绿不走色，肉质香甜软糯，不失本味。以前每当鲜菱上市，临顿路青龙桥、东中市虹桥口、皮市街间邱坊等桥堍街头，皆有店家在门前支一二大炉，上架筒状紫铜锅，写一块招牌：铜锅菱上市，借以招揽顾客。我在小时候就喜欢傻兮兮地看烧铜锅菱，风箱拉得"啪啪"地响，熊熊的火苗欢蹦活跳，耀人眼目，腾腾热气弥漫，如烟如雾，时散时聚，一股股菱的清香，飘飘忽忽，似有若无，心中总还惦记着：菱熟了没有？只盼着出锅。但是火候未到，由不得心急。大火旺烧后，还要用小火或尽烬稍焖片刻，不由得由眼馋而引起嘴馋，倒也是真的。这刚出锅的熟菱青生生的竟出落得更为水灵，身上冒着热气，如出浴的孩子。苏州早些时候，玄妙观山门口有一外号叫"挑碗阿大"的铜锅菱最为有名，他所用的铜锅特别大，每出一锅竟有百斤。他所煮的铜锅菱，壳绿肉白，吃口酥甜，生意特别好，往往一出锅便一售而空。可惜，这铜锅菱的滋味，如今只在我的童年记忆里了。

菱，还可作菜肴。菱炒肉片，清脆中带点韧劲，口感各别，肉味犹纯；菱炒鱼片，二者皆为水味，一脆一嫩，一甜一鲜，二白相谐，别具一格；菱与白果、胡萝卜、美芹等一起炒素，清爽淡雅，最合老人口味，

薛理勇　学者，上海人

上海的水中栗

节选自薛理勇：《长在水中的"栗子"——菱》（《素食杂谈》）

上海是水乡，菱的品种不少，产量也很高。生活在市区的人分辨不出菱的品种，一般把生食的菱叫作"嫩菱"，煮熟后食的叫作"老菱"或"沙角菱"。实际上嫩菱也是有品种之分的，一种有角，表面呈红色的叫"水红菱"，稍晚熟的叫"雁来红"，大概此菱成熟时，上海人就可以看到南飞的大雁了；无角而皮青的叫作"元菱"，又叫作"鹦哥绿"。老菱大多长一对对称的角，样子有点像上海人裹的大馄饨，就叫作"馄饨菱"；另有一种大的菱更像蝙蝠，就叫作"蝙蝠菱"。

…………

我童年的记忆中，到了夏秋之交，嫩菱开始上市了。当时的嫩菱大多由菜场或自由市场的菜农供应，母亲买菜回来，总会带一点嫩菱回家。而老菱，即我们讲的"沙角菱"则大多由水果摊供应。到了秋日沙角菱上市时，水果摊的店门口就会支起一口大铁锅，不用锅盖，而用棉被当锅盖，摊主掀起棉被，锅内全是焐热的沙角菱。有一种沙角菱的样子很像长着一对尖弯角的老绵羊头，孩童们就玩起了"斗菱角"的游戏——二孩童各紧捏一只沙角菱的一端，用菱的另一端的弯角钩着对方沙角菱的弯角，然后各自用力拉，谁的沙角菱角被折断，谁就输了。当然，输者的沙角菱也即被对方"俘虏"。不过，我已有几十年没玩过"斗菱角"的游戏了，甚至也没看其他小孩玩过——也许，菱在现代生活中已经与人们渐行渐远了。■

也有人把菱浸入梅菜扣肉的浓汁里用文火焐来吃，据说口味极佳，我没有吃过，不敢妄评。其实，菱肉和所有的荤腥都可以轧淘的，用来烧鸡、烧鸭、炒鱼片等，都无尝不可。苏州人通常把菱粉作烹饪辅料，自有天然清味；且菱还有醒酒、催乳的作用，不过这许是老法头的事了，我曾醉酒，却也未曾想到要吃菱的。

其实，菱各地都有，只不过江南的水好，才生生的养得这般好颜色，好味道。论起来，那水红菱才真叫有特色哩。别的菱种皆为青色，唯其为红色。这红，可比桃红，玫瑰红，或是胭脂红，却不甜腻，不张扬，红得朴素大方，如江南女子的双颊，了无脂粉气息。画家每每作画，也只是饱蘸胭红，随意得不用心思，只三两笔就在宣纸上洇浸出来，蓦地眼里心里水意淋漓，碰不得的样子。倒也是的，水红菱确是水的精灵，一时也离不开水，一离水就老得快，如失了魂似的，水红渐成暗色；暗红顿成黑红，直叫人可惜了去。每岁中秋节，妻总要选几样水果供月，正当时令的水红菱定是首选。每每收盘时，别的水果颜色如初，唯水红菱的秋艳竟失去了七八分，不胜惋惜，却也无奈。

所以水红菱一准要养在水里，从水里捞出来吃，才有鲜洁气。

水红菱只能生吃，不能熟煮。吃时只要轻轻地咬去肚上的一点嫩绿，再慢慢地剥去红色的外皮，便见菱肉清清爽爽，雪白粉嫩。刚才咬破皮儿时，嘴中尚有一丝涩味，即食嫩生生的菱肉，只感涩中带甜，甜中含涩，一股清气似从菱塘中悠悠而来，真可谓食中绝唱。这不由得使人联想起一幅绝好的书法作品，在满目流畅的线条中，忽生数处粗放的涩笔，倏地叫人眼前一亮，心中一顿，一种如得天助的天地生气盈满胸襟，领尽风骚。吴中所产水红菱，有称"苏州红"。吴歌云："郎种荷花姐种菱"，可见吴中水红菱有女儿气，"苏州红"恰是"女儿红"，周作人说，但闻水红菱之名而"颇涉遐想"者不乏其人，难怪诗人车前子对之有"惊艳"之感了。想当年，邓丽君就凭一曲《采红菱》唱红歌坛，说不定也是水红菱透出来的女儿气打动了人心。其实，水红菱的灵艳和甜美也许并不稀奇，还因这甜中涩色，自现静气，一无甜俗，恰为食中妙味啊。■

编后记

《中国水生植物——苏州水八仙》终于进入编后，我们也得以松一口气，在把本书呈现给读者之前，需要感谢为这套书提供过帮助的朋友们。

2010年4月10日，汉声编辑到苏州文化名家叶放先生家做客，叶先生既是画家，又是美食家，在谈起苏州风物时，提及苏州的八种水生蔬菜"水八仙"，引起我们的关注和兴趣，当即确定下这个题目。随后通过叶放的联系，发动了苏州摄影家汪浩和记者李婷，当晚在十全街的五卅饭店以沙洲优黄举杯，同我们一起组成在苏州最早的采访团队。汪浩先生在接下来，多次亲自到苏州的水八仙种植区持续追踪采访，为我们提供了许多高质量的照片。

从2010年6月开始至2012年8月，汉声编辑从北京和台北来到苏州二十余次，田野采访工作持续了两年多，前前后后得到许多苏州朋友的支持。苏州作家王稼句老师提供了许多水八仙的文史信息，使我们得以接触到水八仙背后深厚的文化。苏州前文化局局长高福民先生也为我们的采访帮忙牵线。还要特别感谢苏州设计家周晨先生为我们采访提供的便利和帮助。

风物志在文史背景下，还要关注植物本体科学性的知识，才能更好地详尽记录。苏州市蔬菜研究所原副所长鲍忠洲、苏州农林局推广站专家陈金林为我们提供了极其详尽的关于水八仙植物学和栽培学上的知识，以及苏州水八仙的种植概况。